中等职业教育课程改革国家规划新教材配套用书

土木工程识图·识图训练

（房屋建筑类） 第2版

主　编　闫小春　白丽红

参　编　李思丽　冯黎娜　王晓阳　袁晓芳

主　审　钱晓明　杜　峰

机 械 工 业 出 版 社

第2版前言

本识图训练与中等职业教育课程改革国家规划新教材《土木工程识图（房屋建筑类）第2版》配套使用。

本识图训练的主要特点如下：

（1）针对性强　本识图训练的内容和编写顺序与配套教材一致，知识点与配套教材紧密结合，选题由浅入深，读、练结合，学、练同步，循序渐进。

（2）实用性强　本识图训练图形清晰，难度适中，注重对学生识图、绘图能力的培养。建筑施工图尽量结合工程实际，培养学生识读和绘制成套施工图的能力。

（3）科学性强　增加了立体图的数量，采用多种训练方法，培养学生的空间想象力和创造力。

（4）灵活性强　采用单面印刷，根据配套教材内容随教随练，方便教师布置作业和考核。

由于编者水平有限，训练习题虽经精选、试做，缺点和不足之处在所难免，恳请使用本识图训练的老师、学生和有关人员提出批评和改进意见，共同商榷，以期改进，在此深表感谢。

编　　者

目　录

1. 作水平方向平行线。

2. 作竖直方向平行线。

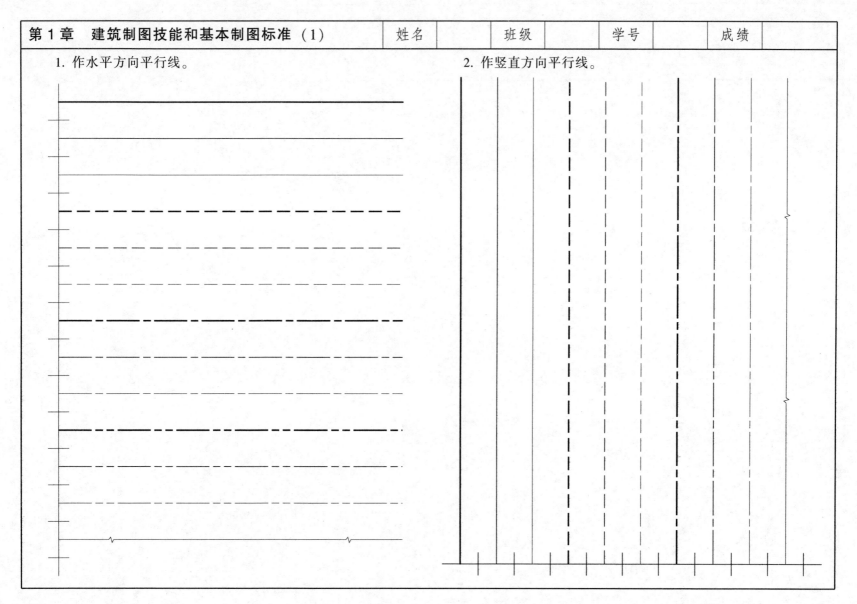

　　将下列图形抄绘在一张 A4 图纸上，要求正确使用绘图工具和用品，采用竖式幅面，做到图面布置均匀，线型正确，图面整洁，标题栏用长仿宋字注写，尺寸在图中量取。

　　提示：绘图之前先大致确定好各个图形的位置，绘图时先用 2H 或 H 铅笔画底稿，仔细检查无误后再用 2B 或 B 铅笔加深和 HB 铅笔写字。

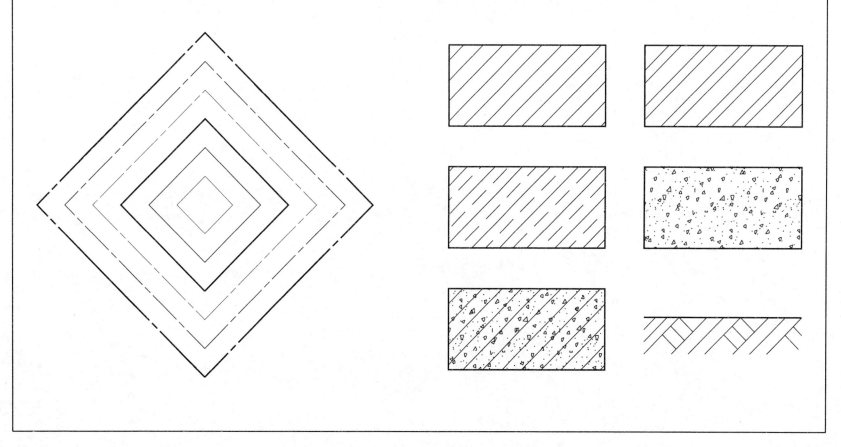

建筑工程制图工业与民用房屋平立剖

结构施钢筋混凝土水泥砂浆混合砌块预制现浇东

基础墙柱地坪楼板门窗屋顶框架承重雨篷阳台卫生间防潮层

姓名		班级		学号		成绩	

姓名		班级		学号		成绩	

ABCDEFGHIJKLMNOPQRSTUVWXYZ

abcdefghijklmnopqrstuvwxyz

1234567890 I II III IV V VI VII VIII IX X

标注图中的尺寸（数值在图上量取）。

1. 请在线段 *AB*、*CD*、*EF*、*GH* 间作出 8 个相同的踏步。

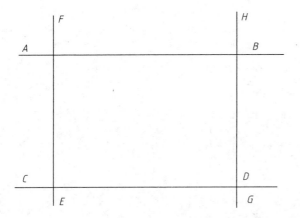

2. 作圆的内接正六边形。

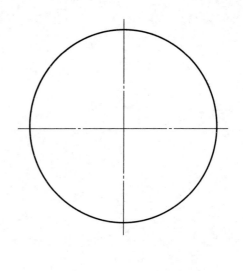

3. 已知圆的半径为 *a*，作圆的内接正五边形。

$$a$$

1. 根据立体图，在形体的投影图中标出 A、B、C 三点的三面投影。

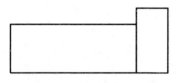

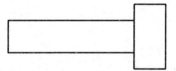

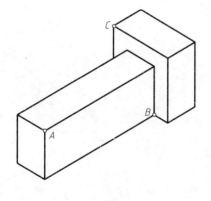

2. 已知点的两面投影，求作第三面投影。

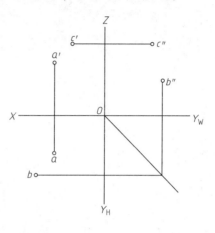

3. 已知 A、B、C 三点的一面投影，并且 $Aa = 5$，$Bb' = 15$，$Cc'' = 10$，求作各点的其他面投影。

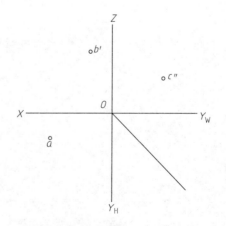

第 3 章　投影的基本知识（2）	姓名	班级	学号	成绩

1. 已知点 A 在 H 面上，点 B 在 V 面上，点 C 在 W 面上，求作点的另两个面投影。

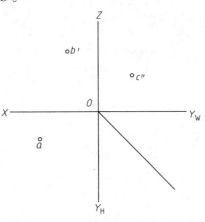

2. 判断 A、B 两点的相对位置。

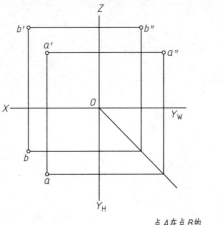

点 A 在点 B 的 _____

3. 已知点的两面投影，求作第三面投影。

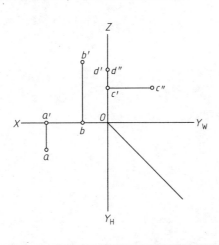

4. 求下列各点的第三面投影，并判断重影点的可见性（不可见点加括号）。

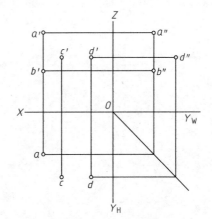

作出下列直线的第三面投影, 并判断各直线是何种位置的直线。

（1）

直线AB是 _____

（2）

直线AB是 _____

（3）

直线AB是 _____

（4）

直线AB是 _____

（5）

直线AB是 _____

（6）

直线AB是 _____

1. 判断下列各直线的位置。

（1）　　　　　　　　　（2）　　　　　　　　　（3）　　　　　　　　　（4）

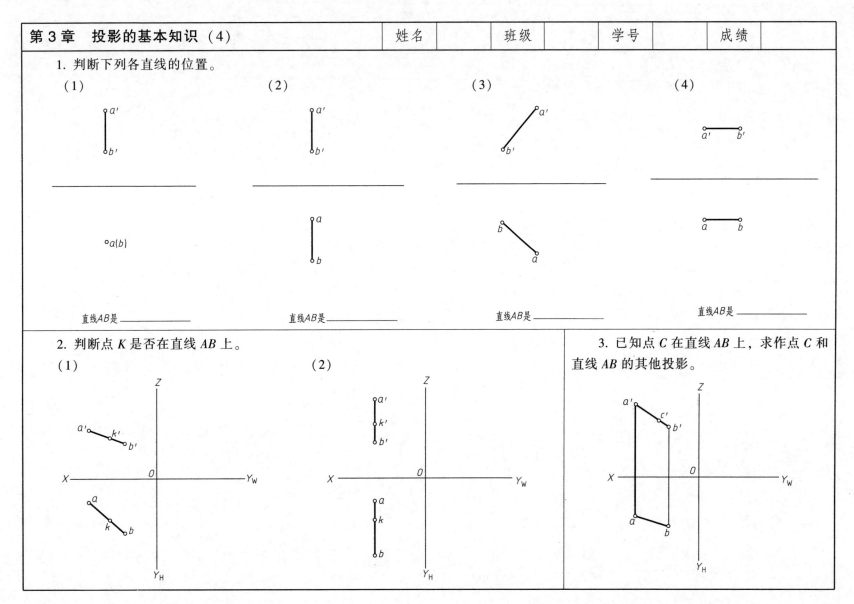

直线AB是＿＿＿＿＿＿　　　直线AB是＿＿＿＿＿＿　　　直线AB是＿＿＿＿＿＿　　　直线AB是＿＿＿＿＿＿

2. 判断点K是否在直线AB上。

（1）　　　　　　　　　　　　　（2）

3. 已知点C在直线AB上，求作点C和直线AB的其他投影。

11

补画下列平面的第三面投影，并判断各平面的位置。

（1）

平面 ABC 是 _____

（2）

平面 ABC 是 _____

（3）

平面 ABC 是 _____

（4）

平面 ABC 是 _____

（5）

平面 ABC 是 _____

（6）

平面 ABC 是 _____

1. 求作平面 *ABC* 内点 *M*、*N* 的另一面投影。

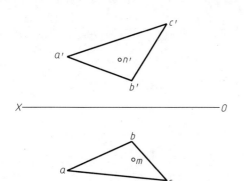

2. 根据立体图，在投影图上找出平面 *ABD*、*BDE*、*BCE*、*DEF* 的三面投影。

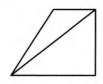

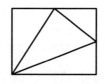

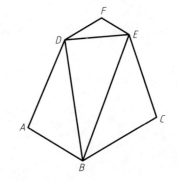

3. 求作平面 *ABC* 内直线 *MN* 的另一面投影。

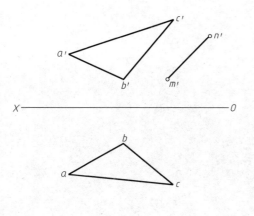

4. 在投影图中标出各平面的投影，并指出其空间位置。

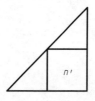 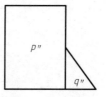

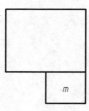

平面	空间位置
M	
N	
P	
Q	

1. 已知正三棱柱的底面的 V、H 面投影，正三棱柱的柱高为15mm，完成该三棱柱的三面投影。

2. 已知五棱锥的 H 面投影，锥体高 20mm，底面与 H 面平行且距离为 5mm，完成五棱锥的三面投影。

3. 已知三棱锥的 H、V 面投影，求作 W 面投影。

4. 已知四棱锥台的 H、W 面投影，求作 V 面投影。

1. 已知四棱柱表面上的点的一个投影，求作点的其他两个投影。

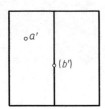
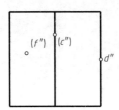

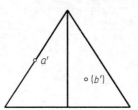

2. 补画出四棱锥的侧面投影，补全表面上各点的三面投影。

3. 补画平面立体的第三面投影，并补全表面上各点的三面投影。

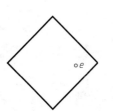

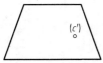

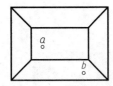

4. 补全平面立体的 W 面投影，并补全表面上各点的投影。

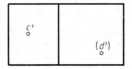

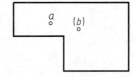

| 第4章　立体的投影（3） | 姓名 | | 班级 | | 学号 | | 成绩 | |

根据平面立体表面上的直线的一个投影，求作其他两个面投影。

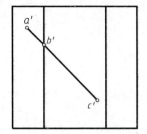

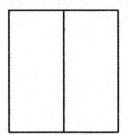

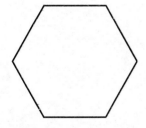

第4章 立体的投影（4）	姓名	班级	学号	成绩

1. 画出圆柱的第三面投影，并补全其表面上各点的三面投影。

2. 画出圆锥的第三面投影，并补全其表面上各点的三面投影。

17

画出球的第三面投影，并补全其表面上各点的三面投影。

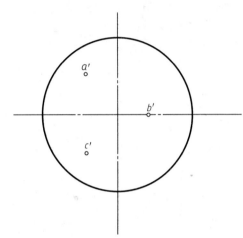

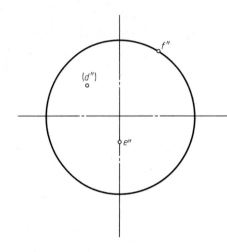

已知形体的两个投影，画出它的第三面投影。

（1）

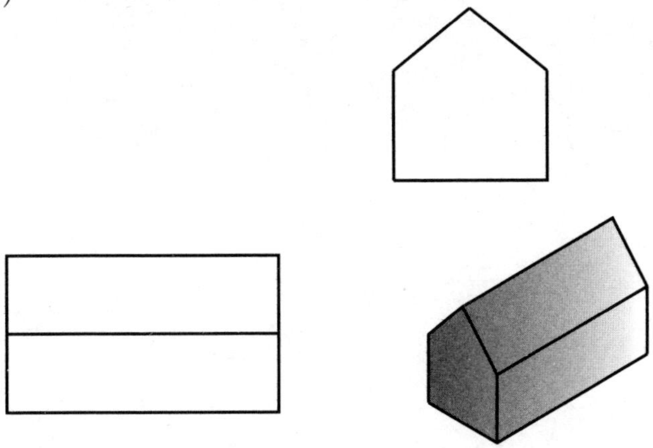

（2）

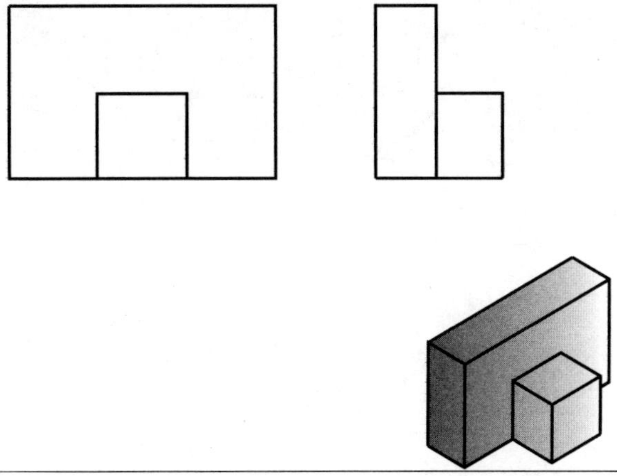

（3）

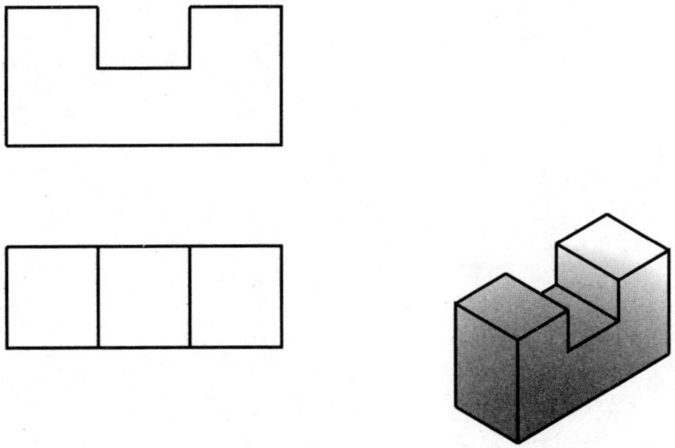

（4）

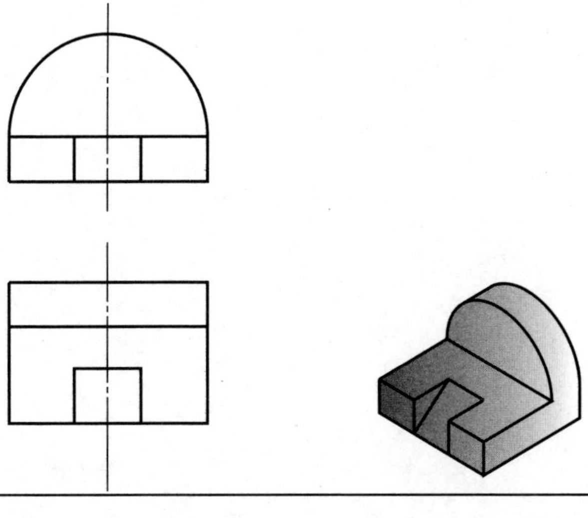

| 姓名 | | 班级 | | 学号 | | 成绩 | |

根据相同的两面投影，想象出不同的形体，并分别补画出它们的第三面投影。

（1）

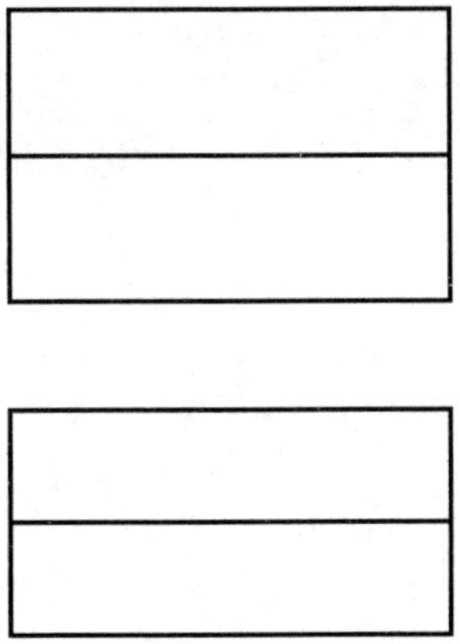

（2）

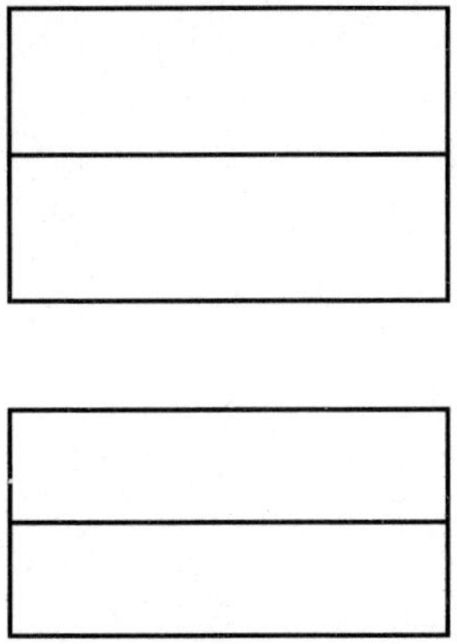

（3）

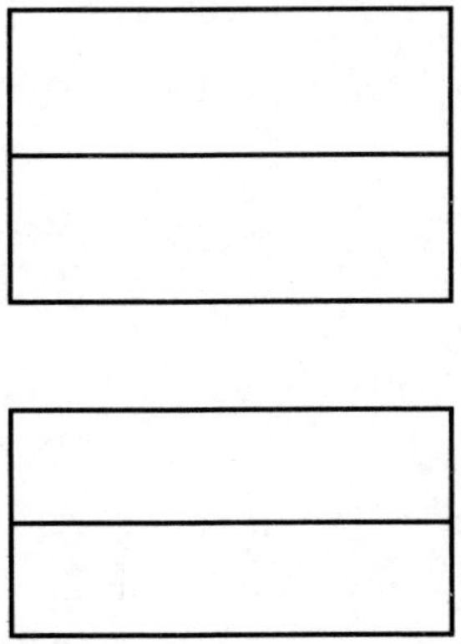

（4）

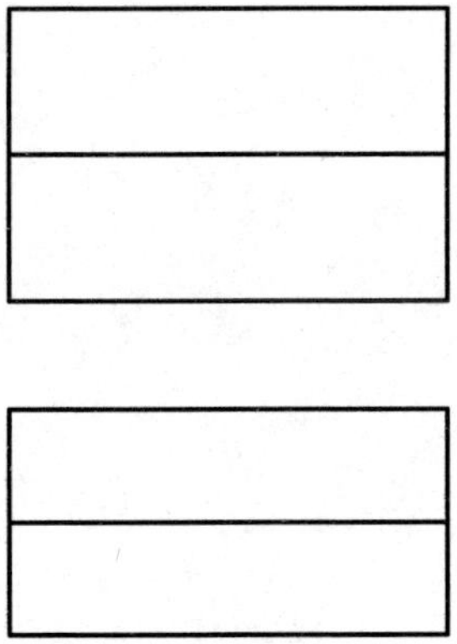

根据立体图作形体的正投影图 （比例自定）。

（1）

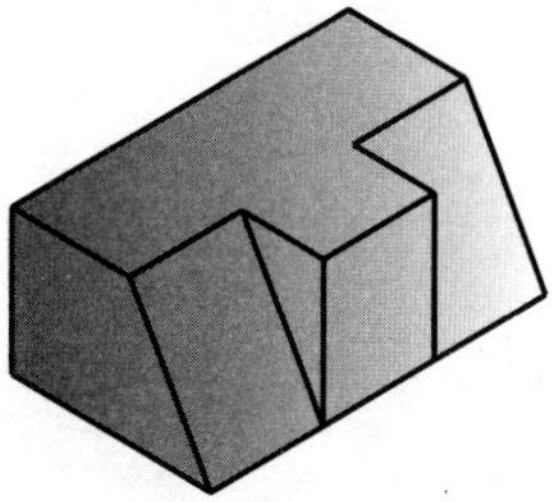

（2）

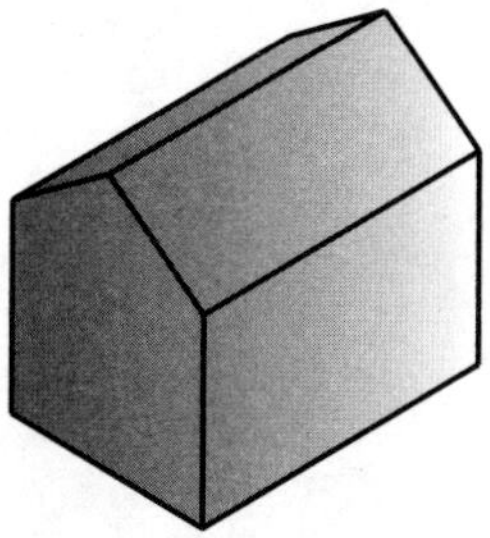

（3）

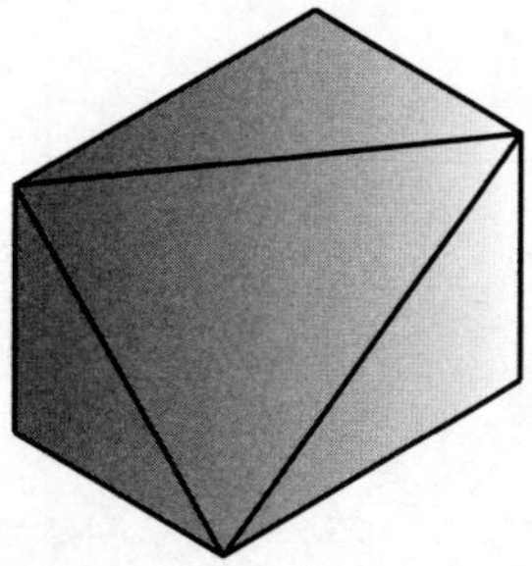

（4）

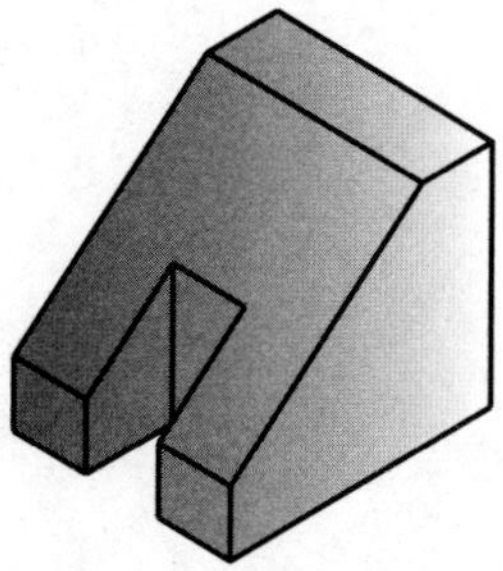

	姓名		班级		学号		成绩	

根据立体图作形体的正投影图（尺寸从图上量取）。

（1）

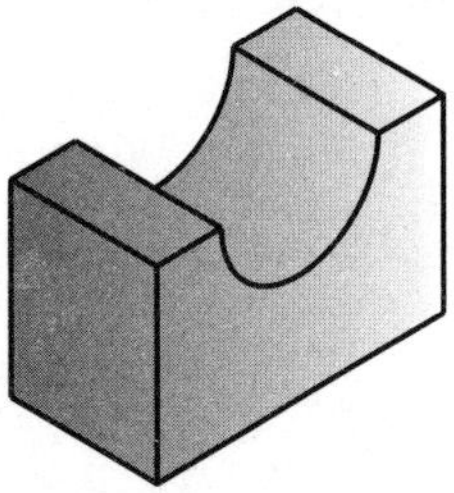

（2）

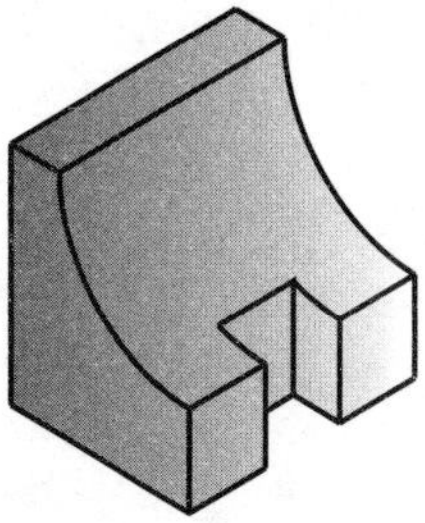

（3）

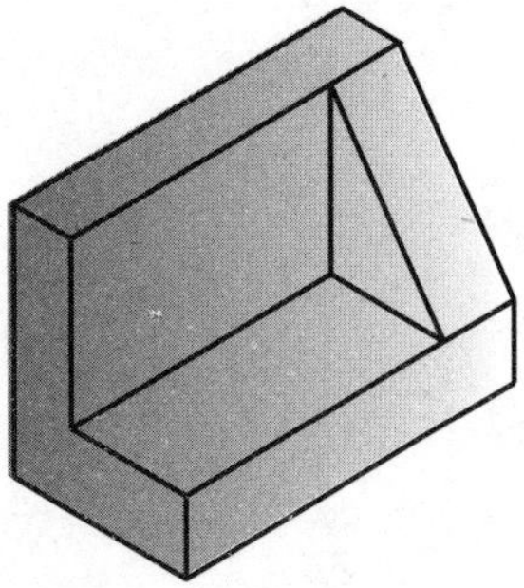

（4）

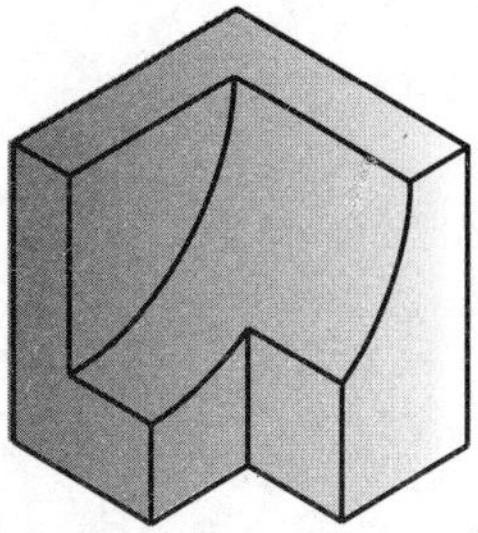

根据立体图作形体的正投影图（尺寸从图上量取）。

（1）

（2）

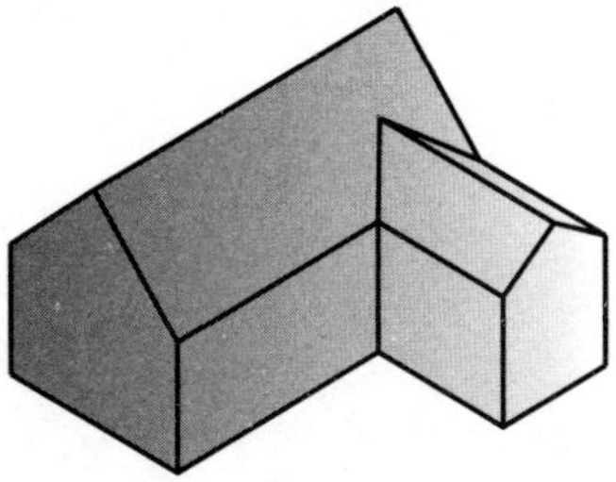

（3）

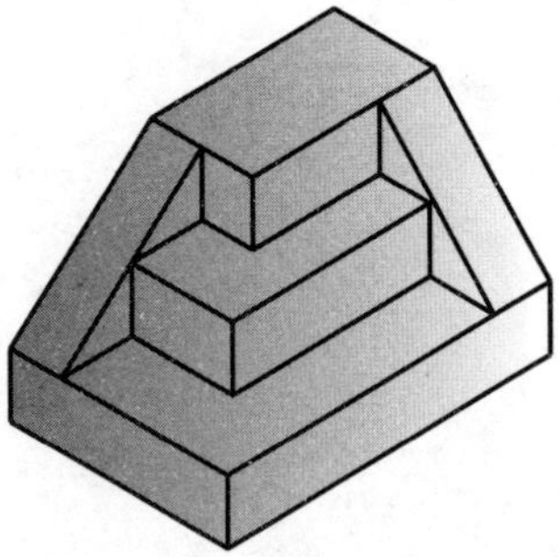

（4）

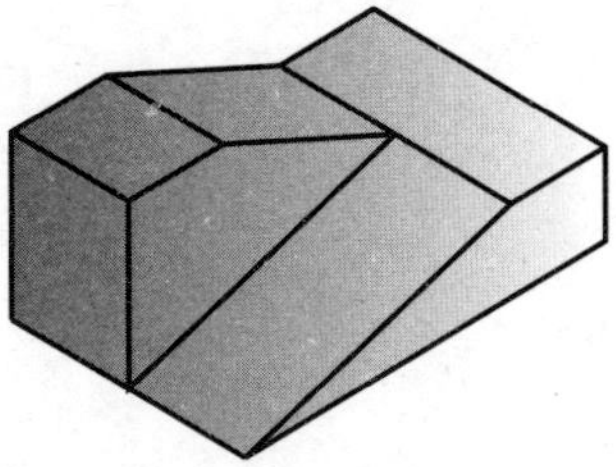

补出三面投影图中所缺的图线。

（1）

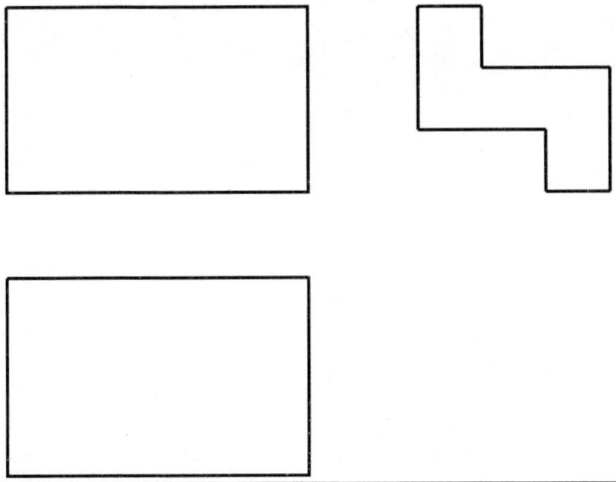

（2）

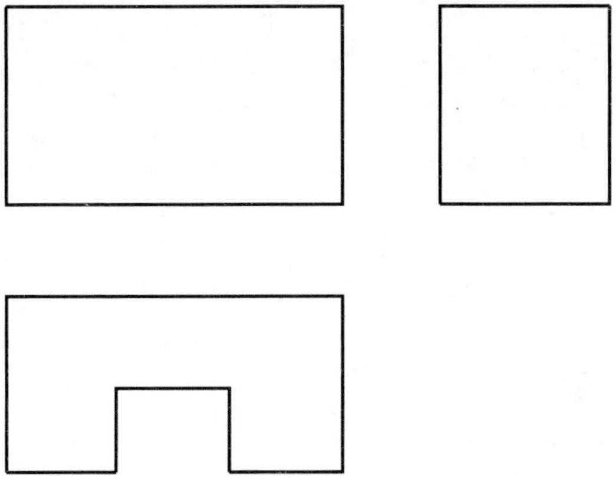

（3）

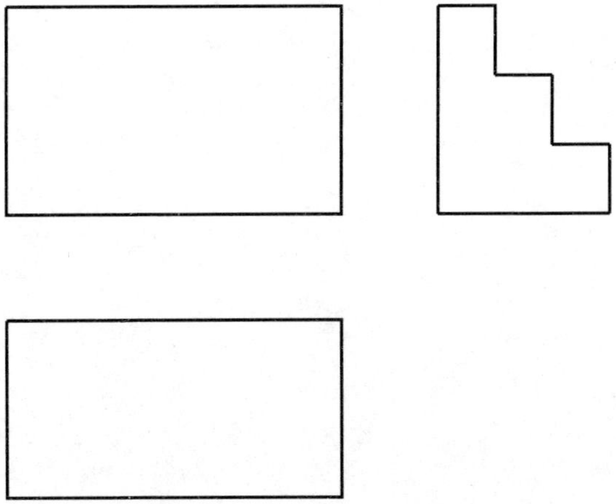

（4）

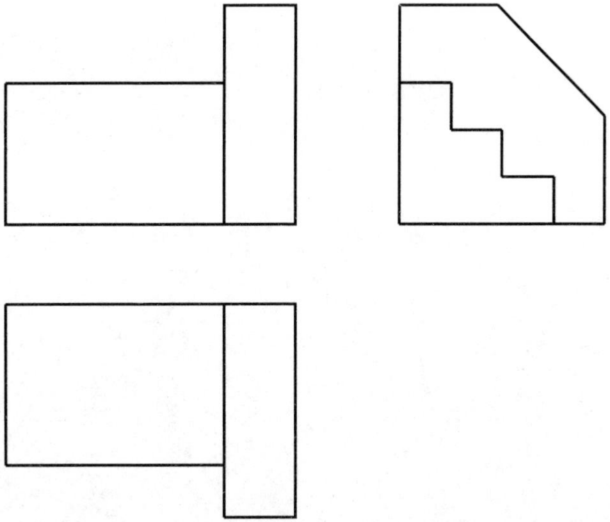

求平面立体被平面截切后的投影。

（1）已知被截切的三棱柱的 W 面投影，完成 V、H 面投影。	（2）已知带缺口的三棱柱的 V 面投影，完成 H、W 面投影。

（3）完成四棱锥被平面截切后的 H、W 面投影。	（4）完成四棱锥截切体的水平投影和侧面投影。

第 4 章　立体的投影（13）	姓名		班级		学号		成绩	

求曲面立体被平面截切后的投影。

（1）完成圆锥被平面截切后的 *H*、*W* 面投影。

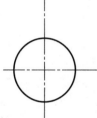

（2）已知圆锥被平面截切后的 *H* 面投影，求其 *V* 面投影。

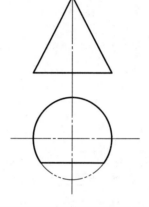

（3）完成球被截切后的三面投影。

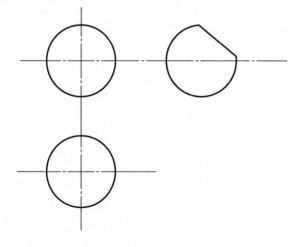

（4）完成圆锥被平面截切后的 *H*、*W* 面投影。

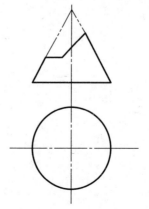

求两平面立体相交的投影。

（1）已知烟囱与屋面的 H 面投影和 V 面投影轮廓，求它们的 W 面投影。

（2）补全虎头窗的 H 面投影。

（3）补全两四棱柱相贯后的 V 面投影，并画出 W 面投影。

（4）补全两棱柱体相贯后的投影。

| 第 4 章　立体的投影（15） | 姓 名 | | 班 级 | | 学 号 | | 成 绩 | |

求同坡屋面的投影。

（1）已知形体的 H 面投影，补全形体的 V、W 面投影。

（2）已知形体的 W 面投影，补全 H 面投影，并画出 V 面投影。

（3）已知同坡屋顶的倾角为 30°檐口线的 H 面投影，求屋面交线的 H 面投影及 V、W 面投影。

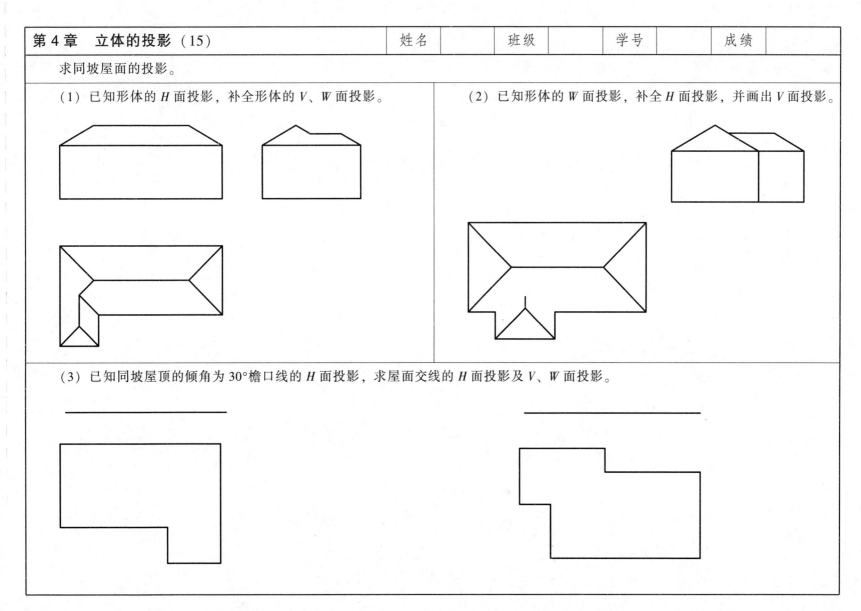

根据正投影图作出形体的正等测投影图。

（1）

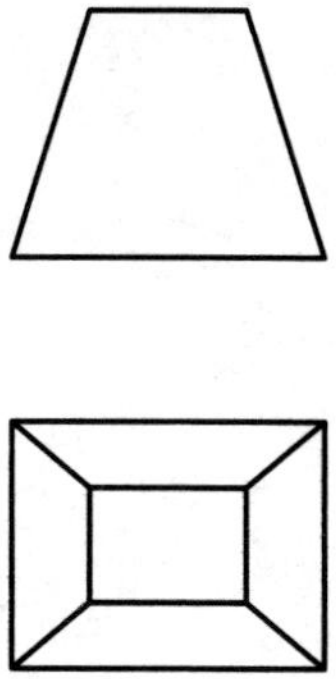

（2）

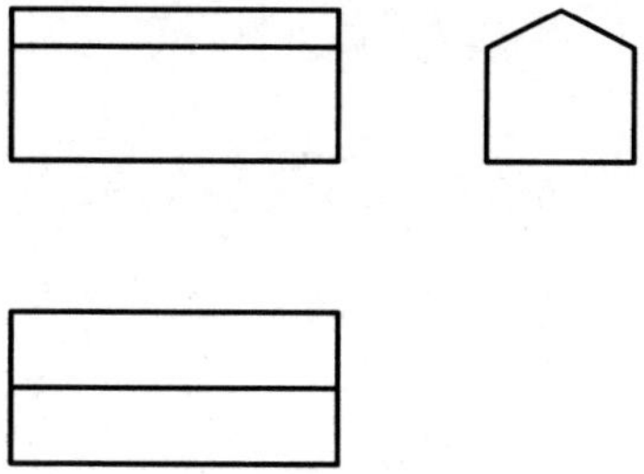

（3）

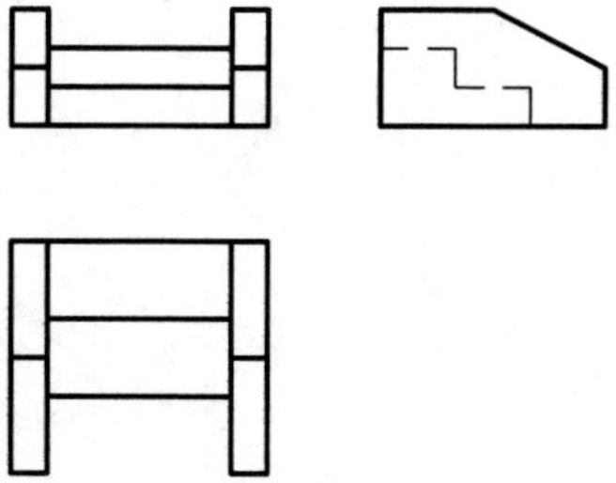

（4）

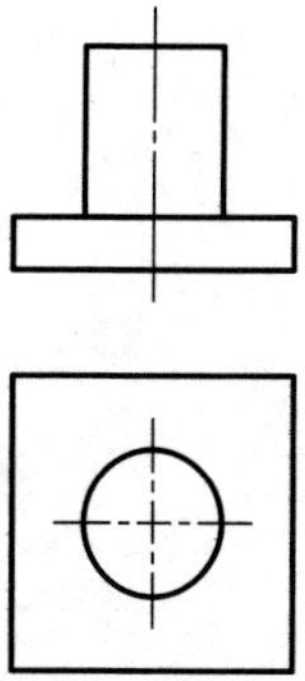

根据正投影图作出形体的斜二测投影图。

（1）

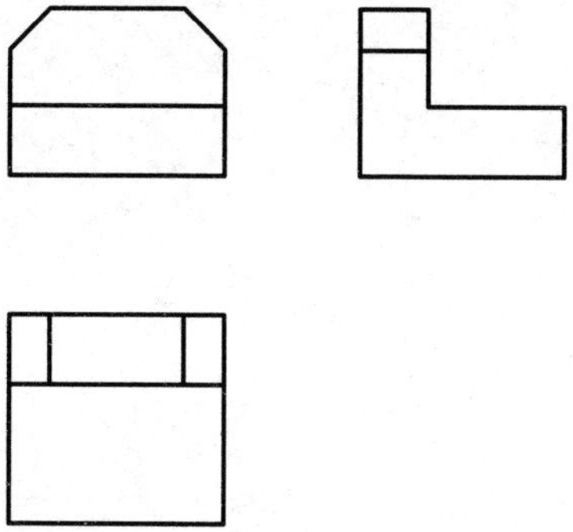

（2）

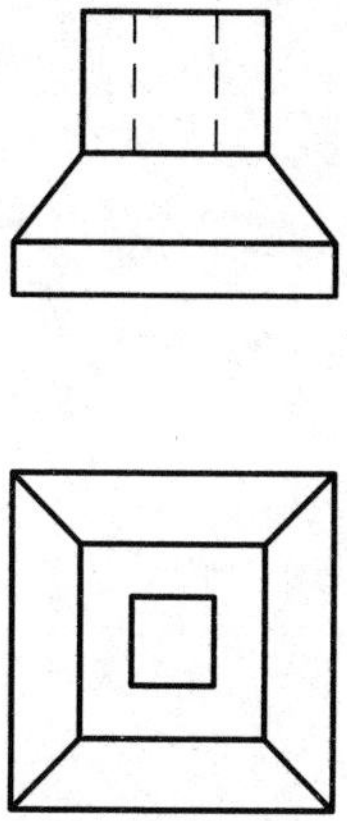

（3）

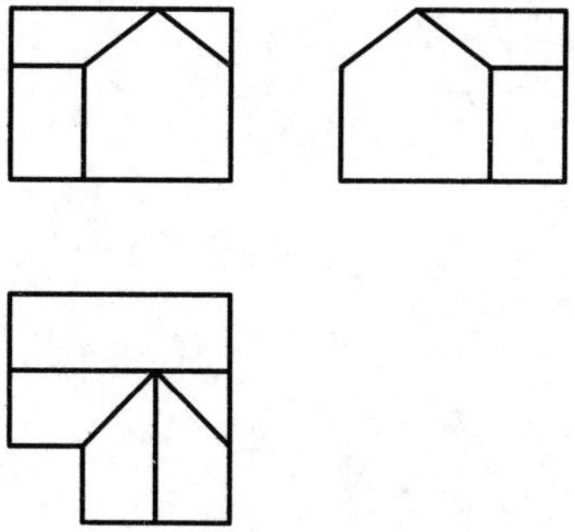

（4）

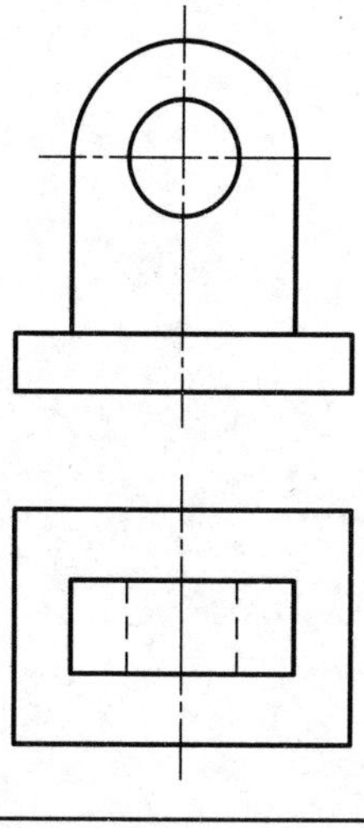

| 第6章 形体的常见图示方法（1） | 姓名 | 班级 | 学号 | 成绩 |

一、选择题

1. 绘制土木建筑施工图，主要采用的投影图是_____。

A. 轴测图   B. 正投影图

C. 多面正投影图   D. 标高投影图

2. 形体的右侧立面图的投影方向是_____。

A. 由前向右   B. 由左向右

C. 由右向左   D. 由后向前

3. 能表示出形体上下和前后方位的投影图是_____。

A. 正立面图   B. 底面图

C. 右侧立面图   D. 北立面图

4. 在六面投影图中，_____之间要受"高平齐"的投影规律约束。

A. 底面图与右侧立面图   B. 正立面图与左侧立面图

C. 背立面图与底面图   D. 平面图与右侧立面图

5. 在投影图中，"宽相等"是指_____之间的投影关系。

A. 底面图与右侧立面图   B. 平面图与右侧立面图

C. 正立面图与左侧立面图   D. 正立面图与北立面图

E. 背立面图与底面图

6. 在六面图中，_____之间同时受"高齐平、宽相等"的投影规律约束。

A. 后立面图、正立面图、左侧立面图

B. 正立面图、平面图、左侧立面图

C. 正立面图、北立面图、底面图

D. 正立面图、左侧立面图、右侧立面图

E. 正立面图、北立面图、平面图

二、填空题

根据立体图投影方向，填写六面投影图的图名。

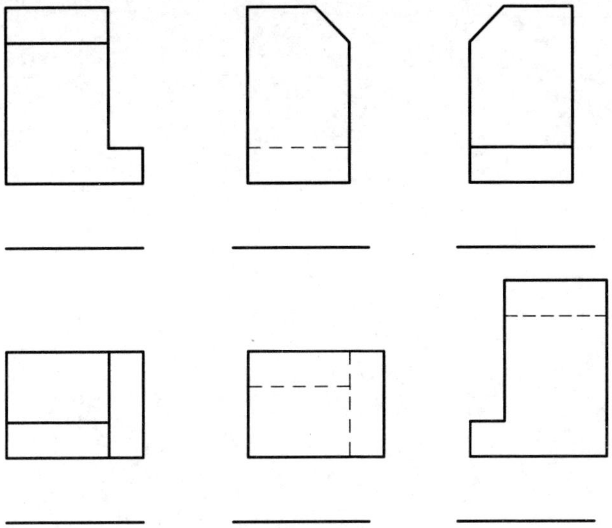

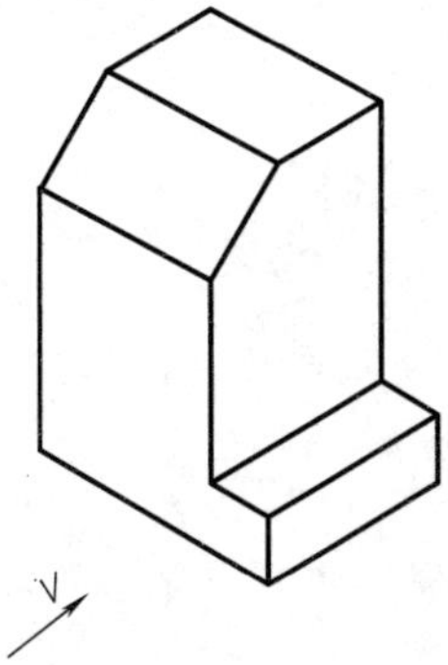

31

姓 名		班 级		学 号		成 绩	

作剖面图。

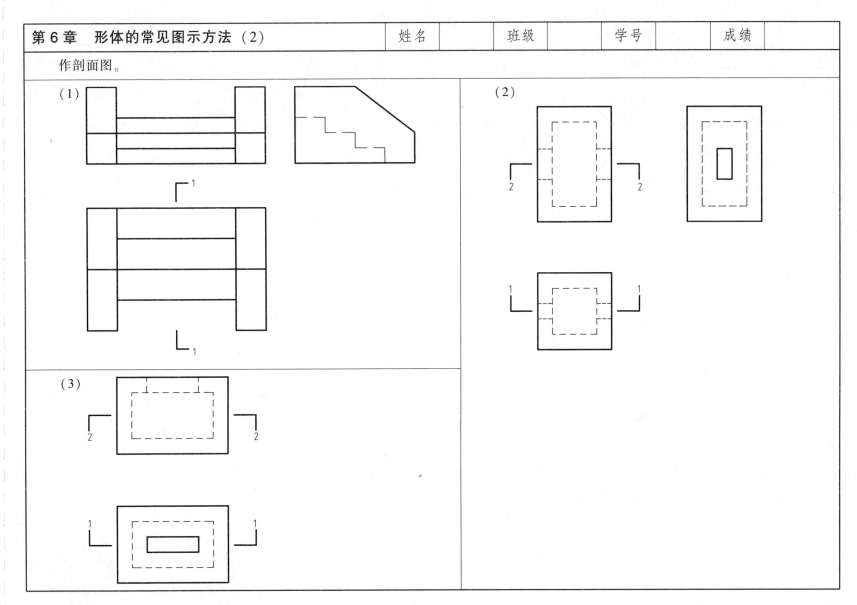

(1)

(2)

(3)

1. 作正立面图和左侧立面图的剖面图。

2. 作剖面图。

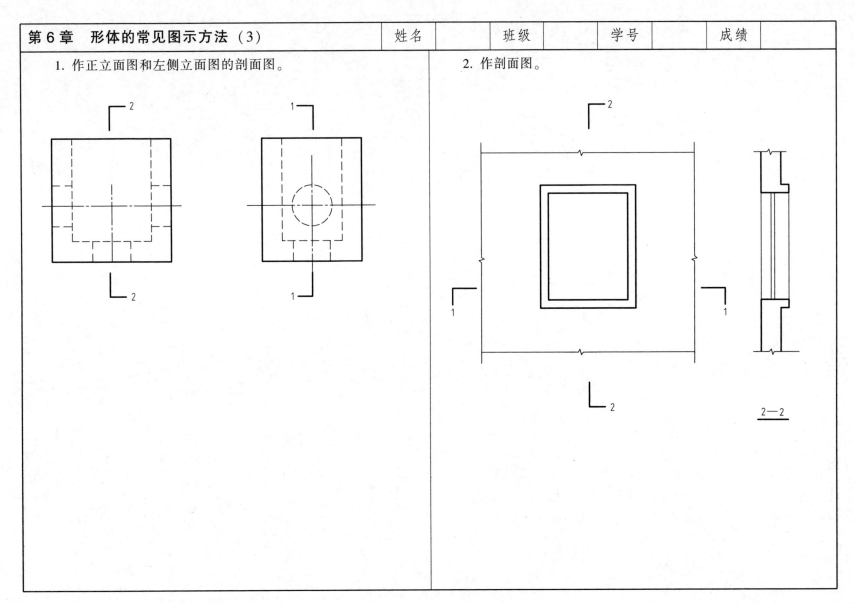

| 第6章　形体的常见图示方法（4） | 姓名 | 班级 | 学号 | 成绩 |

1. 作剖面图。

2. 补画左侧投影图，并将正、左侧投影图改为合适的剖面图。

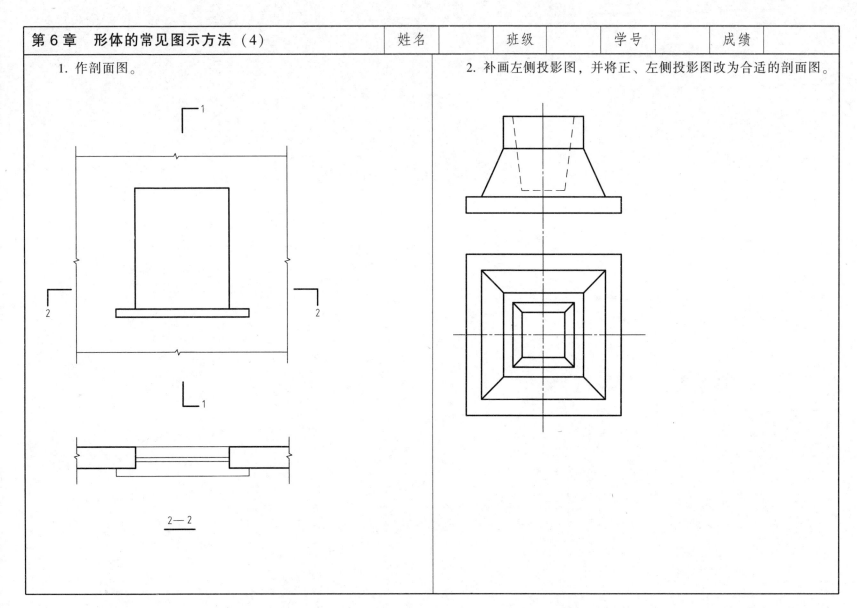

2—2

1. 将水池的 *V*、*W* 投影改为 1—1、2—2 剖面图。

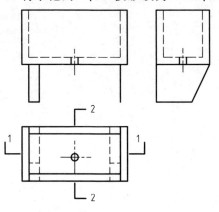

2. 自定义剖切位置，作形体的阶梯形剖面图。

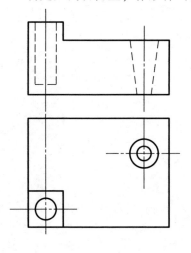

3. 找出并改正下列剖面图中多余或所缺的线条（多余的线打"×"，缺的线补上）。

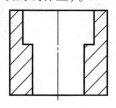

1—1

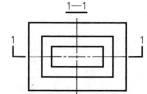

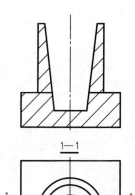

1—1

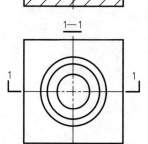

1. 作出钢筋混凝土梁的 1—1、2—2 断面图。

3. 画小立柱的 A—A、B—B、C—C 断面图。

2. 作出钢筋混凝土梁的 1—1、2—2 断面图。

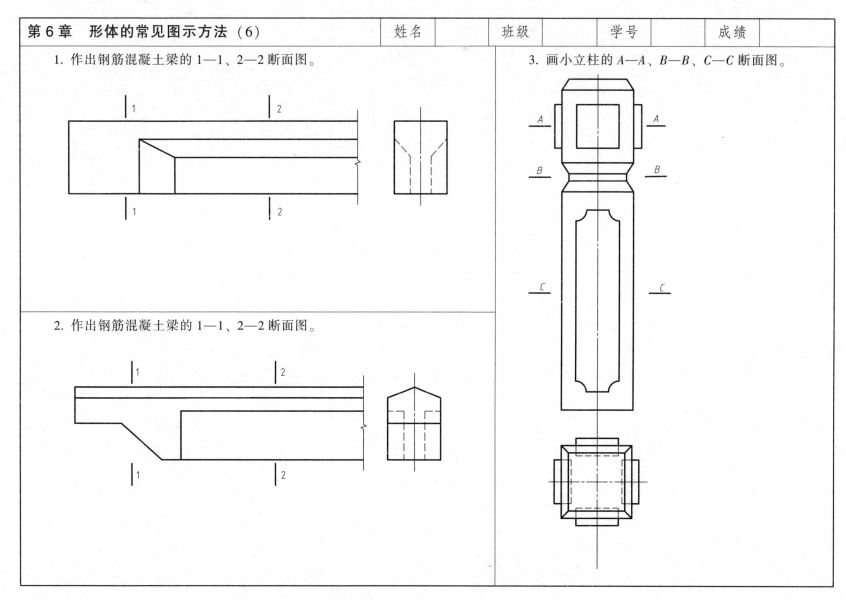

第 7 章　建筑工程图概述	姓名		班级		学号		成绩	

一、选择题

1. 施工图中，表示定位轴线的圆用细实线表示，直径为_____mm。

　　A. 4~6　　　B. 5~8　　　C. 6~10　　　D. 8~10

2. 在施工图上量取尺寸为 30mm，用 1：100 的比例，其实际长度是_____m。

　　A. 30　　　B. 3　　　C. 300　　　D. 3000

3. 图样上的尺寸单位，除标高和总平面图以米为单位外，其他必须以_____为单位。

　　A. 厘米　　　B. 分米　　　C. 毫米　　　D. 微米

4. 整套施工图纸的编排顺序是_____。

①设备施工图　②建筑施工图　③结构施工图　④图纸目录⑤总说明

　　A. ①⑤②④③　　　　　　B. ①②③④⑤

　　C. ⑤②③④①　　　　　　D. ④⑤②③①

5. 在施工图中，详图与被索引的图样如果不在同一张图纸内，应采用的详图符号为_____。

　　A.  (2/5)　　　B.  (2/—)　　　C. 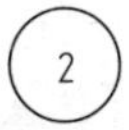 (2)　　　D.  (4/—)

6. 在施工图中，索引出的详图如果与被索引的图在同一张图纸内，应采用的详图符号为_____。

　　A. 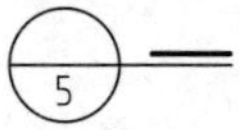 (5/—)　　　　　　　B. 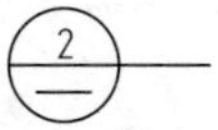 (2/—)

　　C. 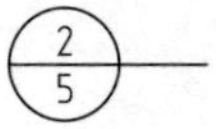 (2/5)　　　　　　　D.  (3/4 西南J202)

二、判断题

1. 同时引出几个相同部分的引出线可以互相平行，也可以集中为一点。　　　　　　　　　　　　　　（　　）

2. 施工图中的定位轴线用细实线表示。　　　（　　）

3. 总平面图室外地坪标高符号宜用涂黑的三角形表示。　　　　　　　　　　　　　　　　　　　　　（　　）

4. 标高数字应以毫米为单位，标注到小数点以后第三位。　　　　　　　　　　　　　　　　　　　　（　　）

5. 施工图中的引出线用中实线表示。　　　（　　）

三、问答题

1. 一套完整的建筑工程图包括哪些图样？

2. 简述什么是建筑标高？什么是结构标高？它们有什么区别？

1. 把建筑材料与相对应的材料图例连线。

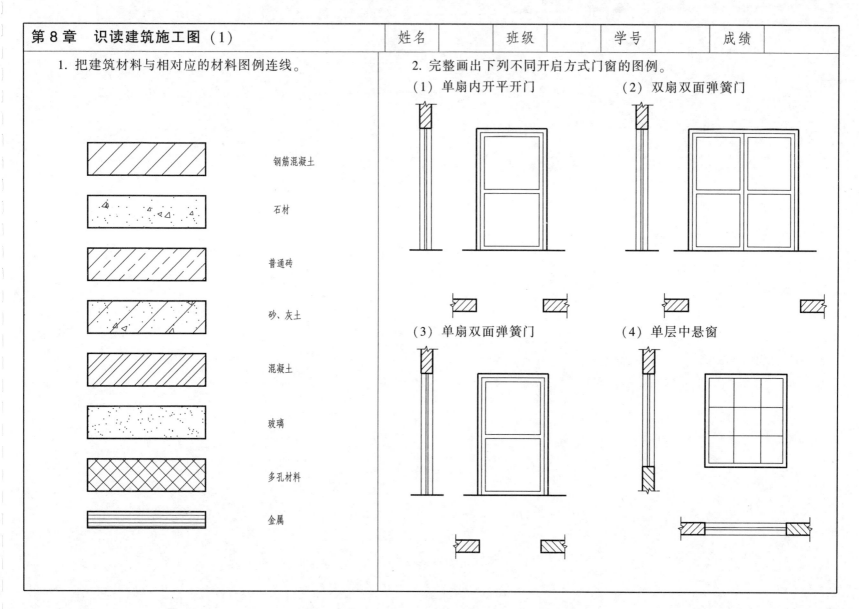

钢筋混凝土

石材

普通砖

砂、灰土

混凝土

玻璃

多孔材料

金属

2. 完整画出下列不同开启方式门窗的图例。

（1）单扇内开平开门　　　（2）双扇双面弹簧门

（3）单扇双面弹簧门　　　（4）单层中悬窗

第 8 章　识读建筑施工图（2）	姓名		班级		学号		成绩	

1. 画出下列符号：

1）总平面图室外地坪标高为 97.50m。

2）1 号轴线之前附加的第二根轴线。

3）3 号轴线之后附加的第二根轴线。

4）指北针。

5）索引符号，详图在本套图纸第 5 页第 2 号详图。

2. 试说出下列符号的含义。

（1）

（2）

（3）

（4）

（5）

1. 已知门洞、雨篷、台阶的平、立面图，作 1—1 剖面图。

2. 已知窗洞、窗台的平、立面图，作 2—2 剖面图。

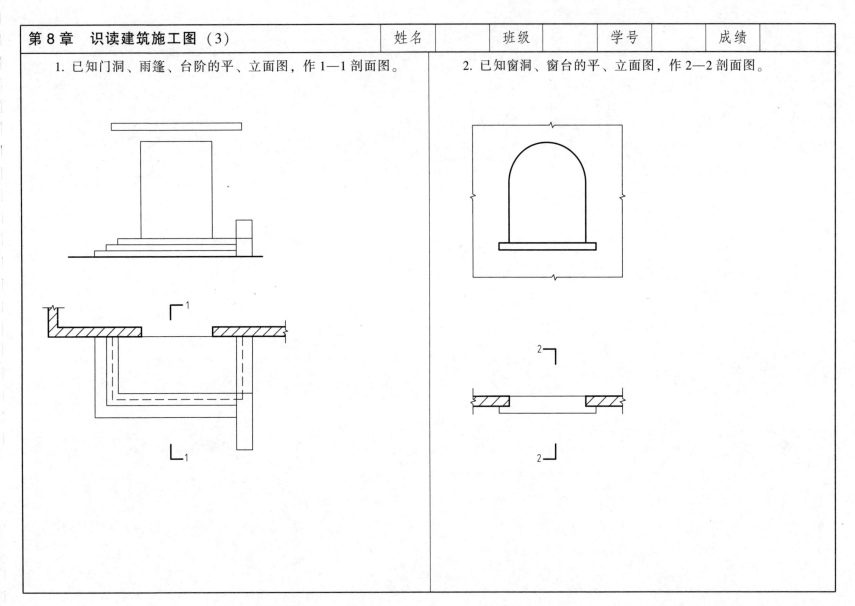

一、选择题

1. _____是一个建设项目的总体布局，表示新建房屋所在基地范围内的平面布置、具体位置及周围情况。

A. 建筑总平面图　　　B. 建筑平面图　　　C. 建筑立面图　　　D. 建筑详图

2. 建筑立面图，简称立面图，就是对房屋的前后左右各个方向所作的正投影图。立面图的命名方法不包括_____。

A. 按房屋材质　　　B. 按房屋朝向　　　C. 按轴线编号　　　D. 按房屋立面主次

3. 建筑剖面图的图名应与_____的剖切符号编号一致。

A. 楼梯底层平面图　　B. 底层平面图　　C. 基础平面图　　D. 建筑详图

4. 外墙面的装饰做法可在_____中查到。

A. 建筑平面图　　　B. 建筑立面图　　　C. 建筑平面图　　　D. 建筑结构图

5. 查阅门窗位置和编号、数量应在_____。

A. 建筑平面图　　　B. 建筑立面图　　　C. 建筑剖面图　　　D. 楼层结构平面图

6. 在建筑总平面图上，一般用_____分别表示房屋的朝向和建筑物的层数。

A. 指南针、小圆圈　　B. 指北针、小圆圈　　C. 指南针、小黑点　　D. 指北针、小黑点

7. 下列不属于建筑施工图的建筑详图是_____。

A. 基础详图　　　B. 节点详图　　　C. 门窗详图　　　D. 墙身详图

8. 在建筑平面图中，被水平剖面剖切到的墙、柱断面的轮廓线用_____表示。

A. 细实线　　　B. 中实线　　　C. 粗实线　　　D. 粗虚线

9. 绝对标高只注写在_____图上，其他建筑施工图的图样上只注写相对标高。

A. 总平面　　　B. 建筑平面　　　C. 建筑立面　　　D. 建筑剖面

10. 建筑详图常用比例包括_____。

A. 1：50　　　B. 1：100　　　C. 1：200　　　D. 1：300

二、判断题

1. 建筑施工图的基本图样包括：建筑总平面图、平面图、基础平面图和排水施工图等。　　　　　　　　　　　　　　　　　　　　　　　　（　）

2. 在建筑总平面图图例中，原有的建筑用细实线表示，计划扩建的预留地或建筑物用粗实线表示，拆除的建筑物用粗实线表示。　　　　　　　　　　（　）

3. 在建筑配件图例中，门的代号为 M 表示，窗用 C 表示。　　　　　（　）

4. 屋顶平面图是仰视图的投影图，主要表示屋面的大小及形状和突出屋面的构造位置。　　　　　　　　　　　　　　　　　　　　　　　　　（　）

5. 用于室内墙装修施工和编制工程预算，且表示建筑物体型、外貌和室内装修要求的图样是建筑立面图。　　　　　　　　　　　　　　　（　）

6. 建筑剖面图简称剖面图，一般是指建筑物的垂直剖面图，且多为横向剖切形式。　　　　　　　　　　　　　　　　　　　　　　　　　（　）

7. 建筑平面图通常画在具有等高线的地形图上。　　　　　　　（　）

三、设有一单层房屋，已给出该房屋的平面图、南立面图和门窗表。要求完成：

1. 补全平面图中的尺寸数字和轴线编号（平面图见下页）。

2. 补全南立面图中的标高数字。

3. 画出北立面图（不注尺寸、图线粗细分明，钢窗 GC1 的高度布置和分格形式，要求统一，并注明外开平开窗的开启方向符号。

门窗表　　　　　　　（单位：mm）

编　号	洞口尺寸		数量
	宽度	高度	
GC1	900	1500	3
GC2	1200	1500	1
GC3	2400	1500	1
M1	900	2100	1
M2	1000	2500	1

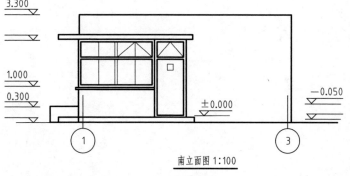

南立面图 1：100

姓名		班级		学号		成绩	

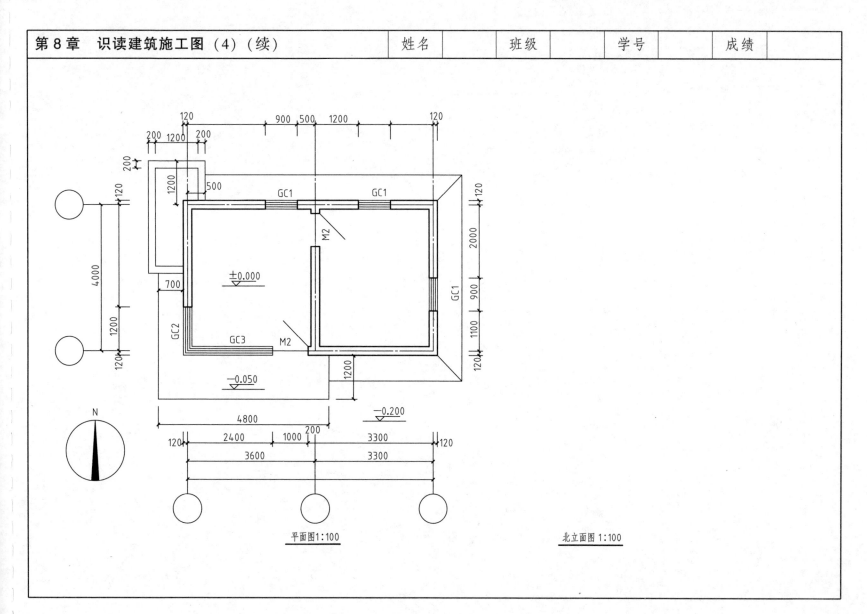

平面图1:100

北立面图1:100

四、按简图所示，用 1∶100 的比例画一张建筑平面图（包括墙、门窗、轴线编号及尺寸）。

已知：墙厚均为 240，M_1 宽 1000、M_2 宽 900、C_1 宽 2000、C_2 宽 1500（门窗定位尺寸自定），室外台阶长 1800、宽 300，简图中所给尺寸是轴线间尺寸，尺寸单位为 mm。（注意图面质量）

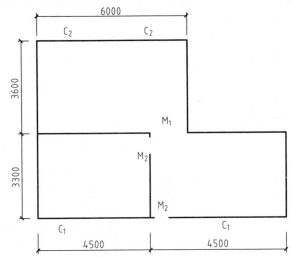

五、抄绘建筑施工图

1. 目的

1）熟悉民用建筑施工图的表达内容和图示特点。

2）掌握绘制建筑施工图的基本方法。

3）掌握现行制图标准的要求。

4）会识读一般房屋建筑施工图。

5）能够运用前面所学的基础知识，查出附图中的问题，并加以修改，培养学生分析问题、解决问题的能力。

2. 工作内容

抄绘建筑施工图（任课教师选本地区合适的施工图）。

3. 图纸

A2 幅面绘图纸铅笔抄绘（由教师指定做适当次数的描图作业练习）。

4. 工作要求

1）要在读懂图样之后方可开始抄绘；总结出阅读建筑施工图的步骤和方法。

2）应按教材中所述的施工图绘制步骤进行抄绘。

3）绘图时严格遵守《房屋建筑制图统一标准》（GB/T 50001—2017）、《建筑制图标准》（GB/T 50104—2010）的各项规定，如有不熟悉之处，必须查阅标准或教材。

4）图样中难免存在一些问题，指导教师要与学生在读图时发现并进行图样更正。

5. 说明

1）附图主要是锻炼和提高学生的读图能力。由于学生和地区的差异，指导教师在教学过程中可根据学生实际情况来选择合适的图样进行绘制，本书不再附图。

2）建议图线的基本线宽（即粗实线的宽度）b 用 0.7mm，其余各类线的线宽应符合线宽组的规定，同类图线图样粗细，不同类图线应粗细分明。

3）汉字应写长仿宋字，字母、数字用标准体书写。建议房间名称及其他说明文字用 5 号字，尺寸数字、门窗代号、构件代号用 3.5 号字。在写字前要把文字内容的位置、大小设计好，并打好相应的字格（尺寸数字可只画上下两条横线），再进行书写。图名字用 7 号字。

4）要注意作图准确，尺寸标注无误，字体端正整齐，图面匀称整洁。

43

一、填空题

1. 在工厂生产的预制部品、部件通过各种可靠的连接在施工现场装配而成的建筑成为 ＿＿＿＿＿＿＿＿＿。

2. 预制构件详图一般包括 ＿＿＿＿ 和 ＿＿＿＿。

3. 装配式建筑依据结构材料不同，分为 ＿＿＿＿＿＿、＿＿＿＿＿＿、＿＿＿＿＿＿。

4. 安装在主体结构上。起维护、装饰作用的非承重预制混凝土外墙板称为 ＿＿＿＿＿＿＿。

二、判断题

1. 装配式混凝土建筑具有工业化水平高、建造速度快的优点，当受气候条件制约大。　　　　　　　　　　　（　　）

2. 装配式混凝土建筑提高建筑质量、生产效率、降低成本。　　　　　　　　　　　　　　　　　　　　　（　　）

3. 预制梁、预制柱构件因节点区钢筋布置空间的需要，保护层厚度较厚。　　　　　　　　　　　　　　　（　　）

三、问答题

1. 预制构件详图包括哪两种图纸，需要表达哪些内容？

2. 装配式混凝土剪力墙结构建筑施工图包括哪些图纸？

3. 装配式混凝土建筑设计专项说明包括哪些内容？

4. 装配式混凝土建筑施工图与现浇混凝土结构相比较，有什么不同？